Robson Fernandes de Farias

CB136516

... à Química Relativística

Cópia não autorizada é crime
Lei 9.610 de 19/02/1998
Respeite o direito autoral

EDITORA CIÊNCIA MODERNA

Introdução à Química Relativística
Copyright© Editora Ciência Moderna Ltda., 2018

Todos os direitos para a língua portuguesa reservados pela EDITORA CIÊNCIA MODERNA LTDA.
De acordo com a Lei 9.610, de 19/2/1998, nenhuma parte deste livro poderá ser reproduzida, transmitida e gravada, por qualquer meio eletrônico, mecânico, por fotocópia e outros, sem a prévia autorização, por escrito, da Editora.

Editor: Paulo André P. Marques
Produção Editorial: Dilene Sandes Pessanha
Capa: Daniel Jara
Diagramação: Daniel Jara
Copidesque: Equipe Ciência Moderna

Várias **Marcas Registradas** aparecem no decorrer deste livro. Mais do que simplesmente listar esses nomes e informar quem possui seus direitos de exploração, ou ainda imprimir os logotipos das mesmas, o editor declara estar utilizando tais nomes apenas para fins editoriais, em benefício exclusivo do dono da Marca Registrada, sem intenção de infringir as regras de sua utilização. Qualquer semelhança em nomes próprios e acontecimentos será mera coincidência.

FICHA CATALOGRÁFICA

FARIAS, Robson Fernandes de.

Introdução à Química Relativística

Rio de Janeiro: Editora Ciência Moderna Ltda., 2018.

1. Química
I — Título

ISBN: 978-85-399-0969-8 CDD 540

Editora Ciência Moderna Ltda.
R. Alice Figueiredo, 46 – Riachuelo
Rio de Janeiro, RJ – Brasil CEP: 20.950-150
Tel: (21) 2201-6662/ Fax: (21) 2201-6896
E-MAIL: LCM@LCM.COM.BR
WWW.LCM.COM.BR **01/18**

Para Dalton e Mayra, únicas
constantes em meu espaço-tempo

Introdução

Muito embora, conforme será demonstrado no presente livro, nem para todos os elementos químicos os efeitos relativísticos sejam significativos, é igualmente verdade que, para muitos elementos (cerca de 1/3 da tabela periódica), apenas levando-se em consideração os efeitos relativísticos seremos efetivamente capazes de compreender e explicar muitas das propriedades físicas e químicas exibidas por esses elementos e seus compostos.

Os chamados efeitos relativísticos consistem, grosso modo, nas discrepâncias observadas entre as propriedades (espectroscópicas, por exemplo) de um dado elemento ou composto, quando calculadas, levando-se ou não em conta a teoria especial da relatividade.

Embora não seja, propriamente falando, um tema recente (já conta com cerca de cem anos de estudo), os efeitos relativísticos associados às propriedades dos elementos e compostos químicos permanecem, ainda hoje, como algo fora dos conteúdos dos livros de química geral ou mesmo de química inorgânica e físico-química.

Não obstante desde (ou, em verdade, mesmo antes) a publicação do artigo de Dirac, em 1928 (ver bibliografia), inúmeros trabalhos dedicados a uma adequada aplicação/interpretação/previsão dos efeitos relativísticos sobre a estrutura e ligações químicas dos mais variados elementos e compostos, tem surgido na literatura, sobretudo nas últimas duas décadas, com o atingimento do desenvolvimento computacional necessário para efetuar cálculos satisfatórios com as equações da mecânica quântica relativística.

Desconsiderados os primeiros trabalhos na área (ainda no ano de 1920), marcariam os trabalhos de Grant e Desclaux[1] no ano de 1970, que marcaria o início de uma "retomada" moderna no estudo das contribuições relativísticas para as propriedades dos elementos e compostos químicos.

A contração do raio atômico, consequência dos efeitos relativísticos irá, numa espécie de efeito cascata, refletir-se em inúmeras outras propriedades do elemento: raio iônico, energias de ionização, potenciais redox, energia dos orbitais de fronteira, propriedades espectroscópicas, função trabalho, etc.

Longe de constituir-se em mera curiosidade, afetando apenas uns poucos elementos, os efeitos/contribuição relativísticos são marcantes para cerca de 1/3 dos elementos da tabela periódica (os elementos mais pesados), não sendo possível fornecer uma explicação correta para as propriedades desses elementos (e, por conseguinte, de seus compostos), sem levar-se em conta as contribuições relativísticas. O fato de o mercúrio ser líquido à temperatura ambiente,

[1] I.P. Grant, Adv. Phys. 19 (1970) 747; J.-P. Desclaux, At. Data Nucl. Data Tables 12 (1973) 311.

a cor do ouro e o potencial redox da bateria chumbo-ácido, são apenas algumas propriedades que são consequência direta das contribuições relativísticas.

Confesso que saí da minha graduação (e também da pós-graduação), sem cursar qualquer disciplina em que esse tema fosse abordado. Apenas posteriormente, fui, aos poucos e pela leitura de artigos e livros especializados, familiarizando-me com a química relativística.

O presente livro busca suprir uma lacuna na literatura nacional sobre o tema, focando em aspectos básicos, destinando-se, assim, a constituir-se em texto auxiliar para os cursos de química geral e de química inorgânica, dentre outros.

Destaca-se que a introdução aqui apresentada, é de natureza didática, não adentrando no complexo formalismo matemático da mecânica quântica relativística, e focando essencialmente nas consequências/efeitos da contribuição relativística sobre as propriedades dos elementos e seus compostos.

Não obstante, a fim de conferir um aspecto mais quantitativo ao texto, apresentam-se usos simplificados (didáticos) de cálculos relativísticos aplicados às propriedades dos elementos, o que inclui uma pequena lista de exercícios.

Robson F. de Farias

Sumário

Capítulo 1

Como a teoria (especial) da relatividade insere-se na química

Muitas das propriedades das moléculas mais "leves" (isso é, com átomos de relativamente pequena massa molar, e de número atômico também relativamente pequeno) podem ser explicadas/previstas com base na equação de Schorödinger, ou seja, com base na mecânica quântica não relativística[1].

Contudo, mesmo para um elemento relativamente leve como o sódio (Z = 23), as contribuições relativísticas fazem-se presentes de maneira marcante: a linha de emissão (2D) no espectro do sódio (cor amarela) só pode ser devidamente explicada incorporando-se, à equação de Schorödinger, os termos relativísticos.

Em sua teoria especial da relatividade, publicada em 1905[2], Einstein apresentaria toda uma série de equações estabelecendo que certas

---

[1] Na verdade, para obter resultados mais acurados (com maior exatidão), mesmo para sistemas "leves" como a molécula de hidrogênio (H_2) as contribuições relativísticas devem ser levadas em conta.

[2] Albert Einstein (1879-1955); Einstein, A., Zur Elektrodynamik bewegter Körper, *Annalen der Physik*, **1905**, *17*, 891.

propriedades, como a massa ou o comprimento de um corpo, podem assumir diferentes valores (em comparação com nossa experiência cotidiana), caso o corpo desloque-se à velocidade da luz (c = 2,9979 x 10^8 m/s, em unidade SI), e com velocidade que não seja desprezível, em comparação com aquela.

Expressa em unidades atômicas, c = 137,036. Muito embora a teoria quântica, tal como formulada por Schorödinger, tenha surgido após a teoria especial da relatividade, ela não levou em conta as equações da relatividade. Fala-se, nesse caso, na equação de Schrödinger não relativística, que é a que normalmente é empregada, e com a qual nos familiarizamos nos cursos universitários. Para átomos não relativísticos, a velocidade média de um elétron situado em um orbital 1s é dada por[3]:

$$\frac{v_{av}(1s)}{c} \approx \frac{Z}{137}$$

Onde Z é o número atômico. Para o hidrogênio, a velocidade de seu elétron 1s é de cerca de 1/137 avos da velocidade da luz. Valor, em princípio, desprezível, o que significa dizer que levando ou não a relatividade em conta, as propriedades (quer previstas teoricamente, quer medidas, na prática), do hidrogênio são as mesmas. Ou, mais rigorosamente falando, os efeitos relativísticos são tão desprezíveis que, na prática, não podem ser mensurados ou, ainda que o possam,

[3] Ou igual a $Z\alpha$; $\alpha = (e^2/4\pi\varepsilon_0)(1/(2\pi/hc) \approx 1/137$ (*e* é a carga do elétron, h a constante de Planck, c a velocidade da luz e ε_0 a permissividade do vácuo); α é a chamada constante de estrutura fina.

irão alterar o valor da grandeza medida apenas para além do que possam ser entendidos como algarismos fisicamente significativos.

Veja contudo, que, caso a equação anterior seja aplicada para elementos com elevados valores de Z (como mercúrio, por exemplo, Z = 80), teremos, para o elétron 1s, uma velocidade de aproximadamente 60% da velocidade da luz (nem um pouco desprezível, portanto), fazendo com que importantes propriedades do mercúrio sejam influenciadas (ou antes, determinadas) pelos efeitos relativísticos. São esses efeitos que, por exemplo, explicam porque o mercúrio é líquido à temperatura e pressão ambientes.

Por sua vez, tendo um corpo (nesse caso, um elétron), uma velocidade não desprezível (em relação à velocidade da luz), a massa desse corpo deve ser calculada utilizando-se a equação:

$$m = \frac{m_0}{\sqrt{1 - \left(\frac{v}{c}\right)^2}}$$

Onde m é a massa do corpo que se movimenta à velocidade v (significativa, em reação à velocidade da luz) e m_0 é a massa de repouso desse corpo.

Einstein

A Tabela 1 apresenta os valores calculados de m/m_0 para o elétron para os íons $E^{(Z-1)}$ dos grupos 1,2, 11-18 da tabela periódica. Conforme pode ser constatado, para os elementos mais pesados de cada grupo, a contribuição relativística deixa de ser desprezível.

3. ***Zur Elektrodynamik bewegter Körper;***
von A. Einstein.

Daß die Elektrodynamik Maxwells — wie dieselbe gegenwärtig aufgefaßt zu werden pflegt — in ihrer Anwendung auf bewegte Körper zu Asymmetrien führt, welche den Phänomenen nicht anzuhaften scheinen, ist bekannt. Man denke z. B. an die elektrodynamische Wechselwirkung zwischen einem Magneten und einem Leiter. Das beobachtbare Phänomen hängt hier nur ab von der Relativbewegung von Leiter und Magnet, während nach der üblichen Auffassung die beiden Fälle, daß der eine oder der andere dieser Körper der bewegte sei, streng voneinander zu trennen sind. Bewegt sich nämlich der Magnet

Parte da página inicial do célebre artigo de Einstein

Tabela 1. Valores calculados de m/m_o para o elétron para os íons $E^{(Z-1)}$ dos grupos 1,2, 11-18 da tabela periódica.

H 1.000027			
Li 1.00024	Be 1.00042		
Na 1.0032	Mg 1.0038		
K 1.0092	Ca 1.011	Cu 1.023	Zn 1.025
Rb 1.038	Sr 1.041	Ag 1.064	Cd 1.067
Cs 1.091	Ba 1.095	Au 1.22	Hg 1.23
Fr 1.29	Ra 1.30	Rg 1.69	112 1.72
119 1.99	120 2.05		
Group 13	Group 14	Group 15	Group 16
B 1.00067	C 1.00095	N 1.0013	O 1.001
Al 1.0045	Si 1.0052	P 1.0060	S 1.0068
Ga 1.026	Ge 1.028	As 1.030	Se 1.032
In 1.070	Sn 1.073	Sb 1.077	Te 1.080
Tl 1.24	Pb 1.25	Bi 1.25	Po 1.26
113 1.75	114 1.79	115 1.82	116 1.86
Group 17	Group 18		
	He 1.00011		
F 1.0021	Ne 1.0027		
Cl 1.007	Ar 1.0087		
Br 1.034	Kr 1.036		
I 1.084	Xe 1.087		
At 1.27	Rn 1.28		
117 1.90	118 1.95		

Uma vez que a massa do elétron é uma das grandezas presentes na equação para o cálculo do raio de Bohr[4]:

$$a_0 = (4\pi\varepsilon_0)\left(\frac{\hbar^2}{me^2}\right)$$

uma alteração na massa, significa, necessariamente, uma alteração no valor do raio. Quanto mais próximo do valor de c for o valor de v, maior será o valor de m, e menor o valor de a_0. Se levarmos em conta os efeitos relativísticos, para o elétron 1s do ouro, por exemplo, a redução no valor de a_0 é de cerca de 23% (em comparação com o cálculo efetuado, utilizando-se m_0 para a massa do elétron). Logo, uma redução nada desprezível, e que se refletirá, por exemplo, nos valores dos raios atômico e iônico do ouro, em suas energias de ionização, etc.

Assim, tem-se que:

$$\frac{a_{rel}}{a_0} = \sqrt{1-(v_e/c)^2}$$

onde a_o é o raio de Bohr e a_{rel} é o "raio relativístico", levando-se em conta a velocidade do elétron (v_e).

Como, para átomos "hidrogenoides"[5]:

[4] ε_0= permissividade elétrica no vácuo; h = constante de Planck; $\hbar = \frac{h}{2\pi}$ (constante reduzida de Planck ou constante de Dirac); *e*= carga do elétron; m é a massa de repouso do elétron.

[5] n= número quântico principal; Z = número atômico; m_e é a massa (de repouso) do elétron.

$$r = \frac{n^2 \hbar^2 4\pi\varepsilon_0}{m_e Z e^2}$$

Tem-se, por conseguinte:

$$\frac{a_{rel}}{a_0} = \sqrt{1 - \left(\frac{Z}{nc}\right)^2}$$

Uma primeira constatação: os feitos relativísticos só serão significativos (e, portanto, indispensáveis para uma adequada predição e compreensão das propriedades dos diferentes elementos e seus compostos), para elementos "pesados"[6]. Com certo grau de arbitrariedade, digamos, para elementos a partir do 5º período da tabela periódica.

Essa contração relativística, por certo, afeta a energia dos níveis e subníveis eletrônicos. Para o átomo de hidrogênio, a energia não relativística é proporcional à $Z^2/2n^2$ (onde Z é o número atômico e n o número quântico principal). A primeira correção relativística leva a um valor de energia proporcional à $Z^4/2n^3c^2$ (onde c é a velocidade da luz).

Na Figura a seguir, mostra-se a contração relativística (%) como função do número atômico.

---

[6] Muito embora haja exceções. Por exemplo, o par de linhas ^2D no espectro atômico do sódio, o qual sobre um "split" por conta da interação spin-órbita, explicada com base nos efeitos relativísticos.

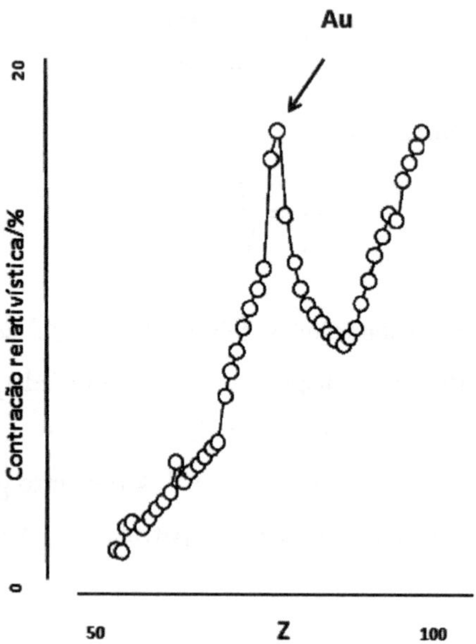

Contração relativística percentual como função do número atômico (do césio ao férmio)

Como se pode constatar, um máximo é atingido para o ouro (Z = 79). Destaque-se: quando dizemos que, por conta dos efeitos relativísticos, o raio sofre uma contração[7], estamos falando da comparação entre o raio calculado sem levar em conta os efeitos relativísticos (maior) e levando-se em conta os efeitos relativísticos (menor, e que concorda com os dados experimentais). Por óbvio, na natureza só há um valor para o raio. Não existe um átomo "não relativístico" da

[7] A contração relativística dos orbitais deve aumentar a blindagem da carga nuclear e, indiretamente, favorecer a expansão dos orbitais mais externos. Na prática, verifica-se que os orbitais s e p sofrem contração, enquanto os orbitais d e f sofrem expansão (por conta da maior capacidade de blindagem dos orbitais s e p, resultante de sua contração relativística).

mesma forma que não existe um "átomo relativístico". Existem átomos, é só. Ou seja, a "contração do raio" não é um fenômeno físico, mas, simplesmente a diferença observada quando da aplicação de dois diferentes modelos (Schrödinger *versus* Dirac), com o modelo relativístico sendo o mais bem sucedido na descrição das propriedades dos átomos com elevados valores de Z.

A título de ilustração, vejamos algumas propriedades que são diretamente e fortemente afetadas pelos efeitos relativísticos: acoplamento spin-órbita, redução do raio (em comparação com os valores calculados desprezando-se os efeitos relativísticos), com a consequente diminuição da energia dos orbitais s e p (os orbitais s, sobretudo); afinidade eletrônica, comprimentos de ligação, energias de ligação, geometria molecular, constantes de força das ligações, etc. Destaque-se ainda que de 9% a 23% (dependendo do sistema) da chamada contração lantanídica, é consequência dos efeitos relativísticos.

Logo, "passar" ao largo da compreensão e correta valoração dos efeitos relativísticos sobre as propriedades químicas dos elementos e de seus compostos significa, injustificadamente, desprezar uma inestimável ferramenta lógico-interpretativa para a química.

Afetando tantas propriedades dos elementos e seus compostos, os efeitos relativísticos terminam por exercer marcante influência sobre áreas da química aplicada, como catálise, fotoluminescência e bioquímica.

Perceba que, ao afetar o raio atômico, a contração relativística termina, num "efeito dominó", por afetar todo o conjunto de propriedades dos elementos (e de seus compostos): raio covalente, raio iônico, energia de rede, energia dos orbitais de fronteira (e, por conseguinte, as transições eletrônicas, a dureza absoluta, etc.), as forças interatômicas ou intermoleculares (e, por conseguinte, a pressão de vapor, o ponto de fusão, o ponto de ebulição, etc.), potenciais redox, etc.

Destaca-se que os efeitos relativísticos não afetam apenas os orbitais s e p mais internos (1s, 2s e 2p). Soluções exatas da equação de Dirac para átomos hidrogenoides mostram que os orbitais s e p mais externos também são afetados, com o orbital 6s do ouro sendo um exemplo emblemático.

Se consideramos os elementos do sexto período, a contração (raio relativístico/raio não relativístico) observada para o orbital 6s, exibe mínimos para césio e radônio, e um máximo para o ouro. Os elementos próximos ao ouro, como mercúrio, chumbo e tálio, exibem valores menores que o ouro, porém também significativos.

Como dito, os orbitais d e f não são afetados mais diretamente, como os orbitais s e p. Contudo, com a "contração" dos orbitais s e p, e consequentemente maior "blindagem" dos elétrons mais externos da carga nuclear, os orbitais d e f sofrem uma consequente "expansão", como consequência dos efeitos relativísticos.

Veja que, afetar o raio (e, por conseguinte, a energia) de um orbital s, implica em afetar o caráter s de um determinado orbital atômico híbrido (Teoria da Ligação de Valência, TLV), ou de um determinado orbital molecular (Teoria dos Orbitais Moleculares, TOM), no qual aquele orbital tome parte.

Ademais, destaque-se que a equação de Schrödinger[8] "pura" não é (de um ponto de vista mais rigoroso) aplicável a elementos para os quais os efeitos relativísticos sejam significativos. Isso porque, na equação de Schrödinger, o operador para a energia cinética relaciona-se à energia cinética de uma partícula não relativística (o valor de c não é o limite para sua velocidade). Além disso, a equação de Schrödinger para um elétron não é conciliável com a teoria especial da relatividade, visto que, nessa última, as coordenadas espaciais (x, y e z) são tratadas em pé de igualdade (transformada de Lorentz) com a coordenada temporal (t), tendo-se o chamado espaço-tempo.

[8] Erwin Rudolf Josef Alexander Schrödinger (1887-1961). E. Schrödinger, *Quantisierung als eigenwertproblem*, Annalen der Physik, 384 (4) (1926) 361-376.

Schrödinger

1926. № 6.

ANNALEN DER PHYSIK.

VIERTE FOLGE. BAND 79.

1. *Quantisierung als Eigenwertproblem;* *von E. Schrödinger.*

(Zweite Mitteilung.)[1]

§ 1. Die Hamiltonsche Analogie zwischen Mechanik und Optik.

Bevor wir daran gehen, das Eigenwertproblem der Quantentheorie für weitere spezielle Systeme zu behandeln, wollen wir den *allgemeinen* Zusammenhang näher beleuchten, welcher zwischen der Hamiltonschen partiellen Differentialgleichung (H. P.) eines mechanischen Problems und der „zugehörigen" *Wellengleichung*, d. i. im Falle des Keplerproblems der Gleichung (5) der ersten Mitteilung, besteht. Wir hatten diesen Zusammenhang vorläufig nur kurz seiner äußeren analytischen Struktur nach beschrieben durch die an sich unverständliche Transformation (2) und den ebenso unverständlichen Übergang von der *Nullsetzung* eines Ausdrucks zu der Forderung, daß das *Raumintegral* des nämlichen Ausdruckes *stationär* sein soll.[2]

Der *innere* Zusammenhang der Hamiltonschen Theorie mit dem Vorgang der Wellenausbreitung ist nichts weniger als neu. Er war Hamilton selbst nicht nur wohlbekannt, sondern bildete für ihn den Ausgangspunkt seiner Theorie der Mechanik, die aus seiner *Optik inhomogener Medien* hervorgewachsen ist.[3] Das Hamiltonsche Variationsprinzip kann

1) Siehe diese Annalen 79. S. 361. 1926. Es ist zum Verständnis *nicht* unbedingt nötig, die erste Mitteilung *vor* der zweiten zu lesen.

2) Dieser Rechenvorgang wird in der vorliegenden Mitteilung *nicht weiter verfolgt.* Er sollte nur zur vorläufigen raschen Orientierung über den äußerlichen Zusammenhang zwischen der Wellengleichung und der H. P. dienen. ψ steht nicht wirklich zur Wirkungsfunktion einer bestimmten Bewegung in der von der Gleichung (2) der ersten Mitteilung behaupteten Beziehung. — Hingegen ist der Zusammenhang der Wellengleichung und der Variationsaufgabe selbstverständlich höchst real: der Integrand des stationären Integrals ist die Lagrange-Funktion für den Wellenvorgang.

3) Vgl. z. B. E. T. Whittaker, Analytische Dynamik (Deutsche Ausgabe bei Springer 1924). Kap. 11. S. 306ff.

Página inicial do célebre artigo de Schrödinger

Seria a equação de Dirac[9], proposta em 1928, que compatibilizaria a teoria quântica com a relatividade especial:

$$\left(\alpha_0 mc^2 + \sum_{j=1}^{3} \alpha_j p_j c\right)\psi(x,t) = i\hbar\frac{\partial\psi}{\partial t}(x,t)$$

Assim como a equação de Schrödinger, a equação de Dirac não pode ser resolvida (de maneira exata) para um sistema de muitos elétrons. Assim, da mesma forma que para a equação de Schrödinger, métodos aproximativos têm sido desenvolvidos/propostos para a solução da equação de Dirac[10].

Um artifício que é empregado no cálculo da geometria e estrutura eletrônica de complexos envolvendo "elementos relativísticos" é calcular os efeitos relativísticos (utilizando-se a equação de Dirac) para os elétrons mais internos e em seguida "isolar" (em termos matemáticos), esse core, aplicando-se, então, para os elétrons mais externos, a equação de Schrödinger, de mais fácil solução que a de Dirac.

---

[9] Paul Adrien Maurice Dirac (1902-1984). A equação de Dirac é uma equação de onda relativística, que descreve o comportamento de partículas elementares de spin fracionário (férmions), como o elétron. P.A.M. Dirac, *The quantum theory of the electron*, Proc. Royal Soc. A, 117 (778) (1928) 610; *The quantum theory of the electron. Part II*, Proc. Royal Soc. A, 118 (779) (1928) 351.

[10] A chamada eletrodinâmica quântica (quantum electrodynamics, QED), descreve como a matéria e a luz interagem (fornece uma descrição matemática dos fenômenos de interação entre partículas carregadas, por meio da troca de fótons). Trata-se da primeira teoria na qual há uma total concordância entre a teoria da relatividade especial e a mecânica quântica.

Destaque-se que a formulação de Dirac pode ser vista como mais correta do que a de Schrödinger pelo fato de que o spin do elétron surge "naturalmente", como consequência do modelo (tratamento relativístico do átomo), na formulação de Dirac, enquanto a formulação original da mecânica ondulatória exige a "imposição" do spin do elétron.

Dirac

Schrödinger e Dirac dividiriam o prêmio Nobel de física de 1933, "pela descoberta de novas (e) fecundas formas da teoria atômica". Destaca-se, ainda, que Dirac não foi o primeiro (muito pelo contrário) a tentar uma "conciliação" entre a relatividade e a mecânica quântica. O próprio Shorödinger, antes de publicar seu célebre artigo, em 1926, tentou fazer uma descrição relativística do elétron no átomo de hidrogênio.

Dentre os vários trabalhos que buscaram a mencionada "conciliação", destaquemos, a título de exemplo, os de Oskar Benjamin Klein (1895-1977), (*Zeitschrift für Physik*, vol. 37, p. 895) e de Valdimir Alexandrovich Fock (1898-1974) *Zeitschrift für Physik*, vol. 38, p. 242), ambos publicados em 1926.

Por sua vez, e já em 1916 (dez anos antes da publicação da equação de Schrödinger, portanto), Sommerfeld já havia explicado a estrutura fina do espectro de emissão do hidrogênio como um efeito relativístico: A. Sommerfeld, Annalen der Physik 51 (1916) 1; 51 (1916) 125.

Muito embora os efeitos relativísticos sejam mais significativos/pronunciados para os "core" elétrons" (elétrons 1s, os mais próximos do núcleo), dependendo do elemento considerado, mesmo os elétrons de valência podem ser afetados por efeitos relativísticos, o que, por si, já demonstra a vital importância de estar atento às possíveis contribuições dos efeitos relativistas sobre as propriedades dos elementos e seus compostos.

No caso relativístico, a energia do elétron pode ser calculada pela chamada equação de Dirac-Sommerfeld:

$$E = m\left[1+\left(\frac{Z\alpha}{n-j-\frac{1}{2}+\sqrt{\left(j+\frac{1}{2}\right)^{2}-Z^{2}\alpha^{2}}}\right)^{2}\right]^{-\frac{1}{2}}$$

na qual m é a massa do elétron, Z o número atômico, n o número quântico principal, $\alpha = 1/137$ e j é o momento angular, que varia de zero a $j + 1/2 \leq$ n, de forma que a condição $0 \leq l \leq$ n-1 seja satisfeita (l é o momento orbital).

As contribuições relativísticas podem não apenas estar presentes, mas serem de fato, marcantes, decisivas para as propriedades exibidas por um determinado elemento e seus compostos. Veja, por exemplo, o diagrama de níveis de energia mostrado na Figura a seguir.

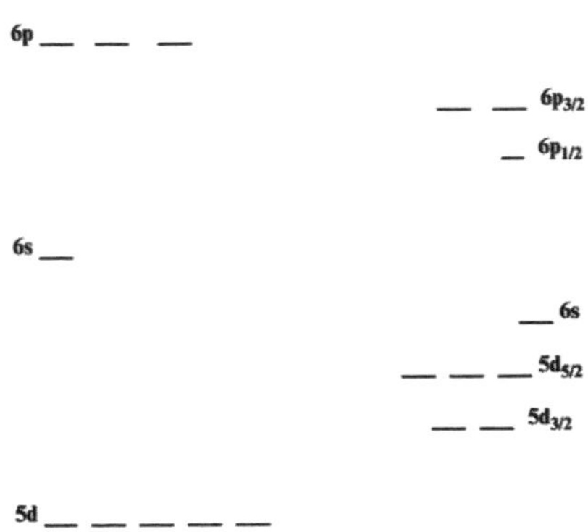

(a) *(b)*

Níveis de energia não relativísticos (a) e relativísticos (b) para os subníveis 5d, 6s e 6p para os elementos do sexto período da tabela periódica.

610

The Quantum Theory of the Electron.

By P. A. M. Dirac, St. John's College, Cambridge.

(Communicated by R. H. Fowler, F.R.S.—Received January 2, 1928.)

The new quantum mechanics, when applied to the problem of the structure of the atom with point-charge electrons, does not give results in agreement with experiment. The discrepancies consist of " duplexity " phenomena, the observed number of stationary states for an electron in an atom being twice the number given by the theory. To meet the difficulty, Goudsmit and Uhlenbeck have introduced the idea of an electron with a spin angular momentum of half a quantum and a magnetic moment of one Bohr magneton. This model for the electron has been fitted into the new mechanics by Pauli,* and Darwin,† working with an equivalent theory, has shown that it gives results in agreement with experiment for hydrogen-like spectra to the first order of accuracy.

Primeiro parágrafo do artigo de Dirac

Capítulo 2

Efeitos relativísticos e as propriedades dos elementos

No presente capítulo, cobriremos alguns dos exemplos mais emblemáticos sobre como os efeitos relativísticos exercem notável influência sobre as propriedades dos elementos e seus compostos.

2.1 Contribuição relativística: uma simplificação didática possível

Como exemplos de uma simplificação da contribuição relativística, calcularemos os raios covalentes para ouro, mercúrio e radônio. Como já dito, o raio é propriedade fundamental, visto que, "por tabela", afeta uma série de outras fundamentais propriedades (energia de rede, energia dos orbitais de fronteira, etc.).

Compararemos, para os três elementos selecionados, seus raios covalentes, calculados sem e com a contribuição relativística, e os compararemos com os valores experimentais.

Conforme já apresentado, da relatividade especial temos que:

$$L=L_o/\gamma \text{ ; onde } \gamma = 1/[1-(v^2/c^2)]^{1/2} \quad (1)$$

Uma vez que a velocidade do elétron 1s é aproximadamente igual à Z/137, onde Z é o número atômico, a equação anterior pode ser reescrita como:

$$L= L_o/\gamma\text{; where } \gamma = 1/[1-((Z/137)^2/c^2)]^{1/2} \quad (2)$$

Nesse caso, L_o é o raio covalente "esperado" com base numa simples extrapolação (dos raios covalentes dos outros elementos, mais leves, do grupo) e L é o raio covalente calculado levando-se em conta a contribuição relativística.

Por certo que a Eq. (2) representa uma profunda simplificação de um arcabouço teórico complexo, etc. Não obstante, e conforme veremos, ela fornece resultados satisfatórios, em muitos casos.

Os raios covalentes empregados aqui são os reportados no site da Royal Society of Chemistry (*http://www.rsc.org/periodic-table*).

Consideremos os raios covalentes (pm) para o cobre e a prata: Cu (122) e Ag (136). A partir deles, obtemos a equação: r = 0,778 Z + 99,444, a partir da qual obtemos (por extrapolação) um raio covalente de 161 pm para o ouro.

Veja que esse raio covalente (maior para o ouro do que para a prata) encontra-se em concordância com as variações das chamadas "propriedades periódicas", visto esperar-se que o raio covalente aumente, à medida que "descemos" ao longo do grupo.

Para o ouro, Z = 79, γ = 1,224, e o correspondente raio relativístico igual a 131.5 pm, em excelente concordância (+ 1,2%) com o valor experimental (130 pm).

Empregando o mesmo procedimento para Zn (120 pm) e Cd (140 pm), obtemos a equação r = 1,111 Z + 86,667 e um raio covalente de 176 pm para o mercúrio. Para Hg ,Z = 80, γ = 1,232, e o correspondente raio relativístico, 143 pm, em boa (+8.3%) concordância com o valor experimental de 132 pm.

Como exemplo final, apliquemos as equações aos elementos do grupo 18, que têm os seguintes raios covalentes (pm): Ne (62), Ar (101), Kr (116) e Xe (136), a partir dos quais obtemos a equação: r = 1,485 Z + 59,934, com a qual calculamos, para o radônio, Rn (Z = 86), um raio de 187,6 pm. Para Rn, γ = 1,285 e o correspondente raio relativístico, 146 pm, que é, exatamente, o valor experimental (!).

Veja que, mesmo para os elementos em que o raio aumenta ao "descermos" o grupo (satisfazendo, assim, o esperado com base nas variações das "propriedades periódicas"), a contribuição relativística está, por óbvio, presente.

Até aqui, utilizamos a Eq. (2) para calcular o "raio corrigido", isto é, o raio covalente levando-se em contra a contração relativística, verificando que os raios calculados empregando a Eq. (2) concordam muito bem com os valores experimentais.

Contudo, tendo em vista que, como dito, a contração relativística se reflete, num efeito dominó, sobre toda uma série de outras propriedades físicas, podemos verificar que a Eq. (2) também vale para o cálculo de outras propriedades.

Ilustremos com a densidade: uma contração do raio significa que, num mesmo volume, devemos ter mais átomos do que esperaríamos (caso não houvesse a contração relativística). Mais átomos significa maior massa (num mesmo volume). Logo, a densidade, levando-se em conta a contração relativística, deve ser maior do que a esperada.

Consideremos, por exemplo, os elementos do grupo 10 da tabela periódica. Os valores de densidade (gcm^{-3}) são: Ni (8,9) e Pd (12,0). Com esses valores, e os respectivos números atômicos, obtemos a equação: $d = 0,172\ Z + 4,078$, com a qual calculamos uma densidade de 17,5 gcm^{-3} para a platina. Para Pt, $\gamma = 1,216$. Como a "densidade relativística" deve ser maior do que a não relativística, devemos multiplicar esse valor por γ, o que nos dá uma densidade de 21,3 gcm^{-3} para a platina, em excelente concordância com o valor experimental de 21,5 gcm^{-3} (*http://www.rsc.org/periodic-table*).

Logo, da mesma forma que muito bem sucedida para o cálculo dos raios covalentes, a Eq.(2) também nos permite calcular valores confiáveis para as densidades, ilustrando, uma vez mais que, sem levar em conta a contribuição relativística, simplesmente não é possível calcular e explicar corretamente as propriedades de grande parte dos elementos da tabela periódica.

Utilizando o mesmo procedimento (extrapolação e posterior correção, empregando o valor de γ), resultados satisfatórios também podem ser obtidos para outras propriedades, como os potenciais redox (vejam os exercícios).

2.2 Ouro

O ouro (Au; Z= 79), por exemplo, deve a sua cor "dourada" à contração (diminuição do raio) do seu orbital 6s. Com a contração, o orbital 6s encontra-se mais próximo, energeticamente falando, do orbital 5d (em comparação com a diferença de energia que existiria, entre os dois orbitais, caso a contração relativística não ocorresse). Assim, uma transição eletrônica 5d $\rightarrow$ 6s, torna-se possível, a qual absorve radiação visível na faixa de comprimentos de onda correspondente ao azul, fazendo com que o ouro reflita a radiação de comprimento de onda correspondente ao amarelo.

Se assim não fosse, a transição 5d $\rightarrow$ 6s não aconteceria com absorção de luz visível (a transição ocorreria com a absorção de radiação ultravioleta, UV), e o ouro seria, como a prata, "prateado" e não "dourado". O "band gap", entre os subníveis 5d e 6s, no ouro, é de 2,4 eV, enquanto na prata, esse band gap é de 3,7 eV, uma diferença de 46%, portanto. Assim, enquanto o ouro absorve na região do visível, a prata o faz na região do ultravioleta.

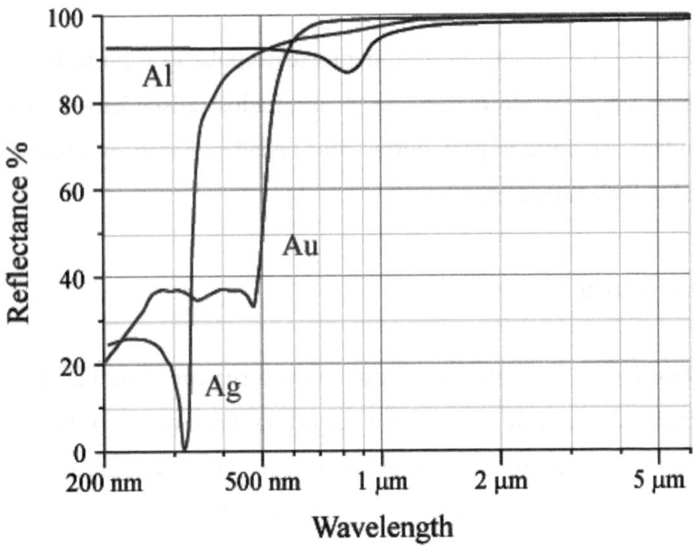

(a)

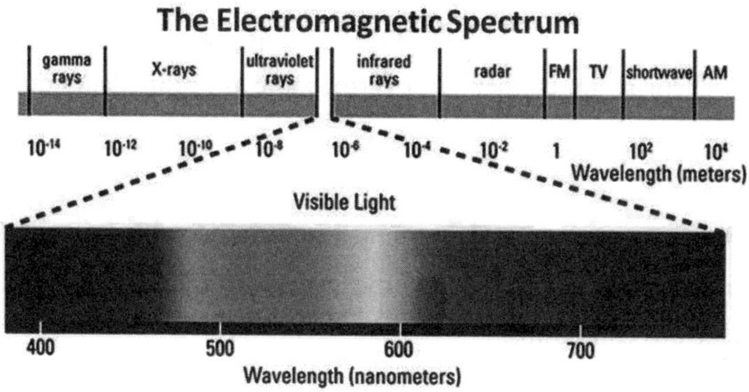

(b)

Espectro de refletância do ouro (a) e o espectro magnético (b). Veja que o máximo de refletância, em 700 nm, fica, justamente, na faixa do espectro visível, entre laranja e vermelho.

Em muitos livros e artigos[1] o fato de que o ouro tem praticamente o mesmo raio da prata (é de esperar, com base nas propriedades periódicas, que fosse maior, assim como o raio da prata é maior que o do cobre), é atribuído à contração lantanídica[2]. Porém, essa explicação está errada. A contração (e suas consequências mercantes sobre as propriedades do ouro e de seus compostos) deve-se aos efeitos relativísticos.

Veja que, os elétrons 6*s* são os elétrons de valência do ouro (os mais distantes do núcleo, portanto) e, não obstante, são atingidos pelos efeitos relativísticos.

---

[1] Como em: A.H. Guerrero, H.J. Fasoli, J.L. Costa, Why gold and copper are colored but silver is not, J. Chem. Ed., 76 (2) (1999) 200.

[2] Contração lantanídica que, como veremos adiante, é também afetada pelos efeitos relativísticos.

Os mesmos efeitos que refletem sobre as propriedades do elemento, refletir-se-ão, também, por certo, sobre as propriedades de seus compostos.

Assim, nos compostos de ouro, a contração do orbital 6s termina por traduzir-se em ligações químicas mais curtas e em maior estabilidade dos compostos.

A contração do orbital 6s contribui, ainda, para o chamado "efeito do par inerte", que consiste na tendência desses elétrons mais externos a "resistirem" ao processo de ionização, bem como permanecerem sem formar ligações químicas.
Sendo mais estáveis, tornam-se, naturalmente, menos reativos, e mais difíceis de serem removidos do elemento. Observe que, enquanto para os elementos do bloco s, a energia de ionização diminui à medida que "descemos" pelo grupo, se consideramos os elementos de transição do 4º ao 6º períodos, verificamos que, dentro de mesmo grupo, há uma queda nos valores da E_i (quando passamos do elemento do 4º para o elemento do 5º período), e em seguida um aumento (quando passamos do elemento do 5º período para o do 6º), como ocorre no grupo do cobre: Cu (745,5); Ag (731,0) e Au (890,1), $kJmol^{-1}$. Essa tendência pode ser verificada para os elementos dos grupos 2-12, bem como nos do grupo 13 (entre índio e tálio).

A configuração eletrônica do ouro ([Xe] $4f^{14}5d^{10}6s^1$), com seu elétron *s* fortemente ligado, torna o ouro apreciavelmente eletronegativo, e tende a formar ligações com outro átomo de ouro, formando o dímero Au_2, cuja energia de ligação Au-Au tem valor de 221 kJ mol^{-1}, comparável às ligações nos halogênios (239 kJ mol^{-1} para a ligação Cl-Cl e 149 kJ mol^{-1} para a I-I, por exemplo). Assim, o ouro comporta-se como um pseudo-halogênio.

Os efeitos relativísticos, propiciando a formação de fortes ligações entre os átomos de ouro, explicam o seu elevado ponto de fusão (1.064 °C). A configuração do ouro também explica porque, para ele, os efeitos relativísticos são máximos (considerando-se os elementos do sexto período): ele está no final da terceira série de transição (contração da série d) e no final da série 4f (contração lantanídica). O elétron 6s fortemente ligado (mais fortemente ligado do que se não houvesse a contração relativística), explica, ainda, o elevado potencial de redução do ouro ($Au^{3+} + 3e^- \rightarrow Au$; + 1,5 V), bem como sua elevada afinidade eletrônica (2,039 eV).

Os efeitos relativísticos explicam, também, porque, embora pouco tendente a se oxidar, o ouro, uma vez perdido o primeiro elétron, perde os demais com relativa facilidade, atingindo um estado de oxidação +5, como no AuF_6^-.

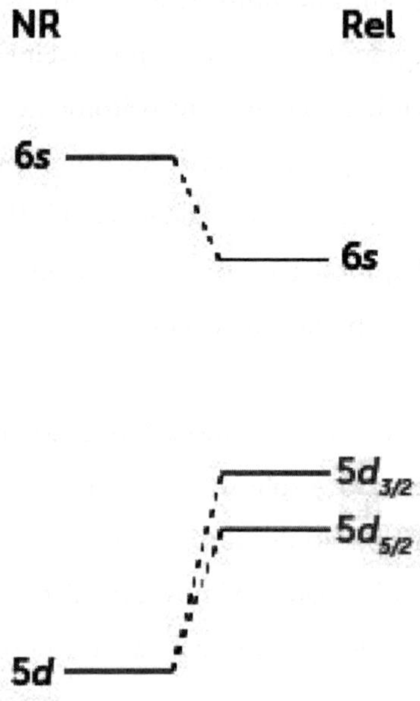

Diagrama de níveis de energia (relativístico, Rel e não relativístico, NR) para os níveis 5d e 6s do ouro.

Como dito, a contração relativística termina por refletir em um conjunto de propriedades físicas dos elementos e seus compostos. Comparemos, por exemplo, o potencial redox para a reação M^+ (aq) + e^- → M(s). Para Cu^+, Ag^+ e Au^+, os potenciais (V) são respectivamente: +0,521; +0,799 e +1,68. Veja que, muito embora a "tendência periódica" de aumento ao longo do grupo seja observada, o aumento, ao passarmos da prata para o ouro, é tremendamente maior, do que o observado ao passarmos do cobre para a prata.

Para que possamos ter uma ideia da dramática diferença entre as propriedades para o ouro, com e sem as contribuições relativísticas nos cálculos[3], comparemos os valores para a primeira energia de ionização e a afinidade eletrônica, conforme mostrados na Tabela a seguir.

Propriedade	Não relativística	Relativística	Experimental
EI (eV)	7,057	9,197	9,226
AF (eV)	1,283	2.295	2,309

A contração relativística explica a (inesperada) maior atração entre o núcleo e o elétron de valência do ouro, fazendo com que o íon +1 tenha grande tendência a "ganhar de volta" seu elétron, ou, inversamente, porque o átomo neutro tem pequena tendência a perder seu elétron. Isso explica, em última análise, porque o ouro é encontrado, na natureza, como metal, e não como um composto (sulfeto, óxido, etc., como acontece com outros metais). Explica, enfim, porque o ouro é um "metal nobre" (não reativo).

Relacionada ainda à contração relativística, e comparando a prata com o ouro, veja o aumento (quando as propriedades periódicas preveriam uma diminuição) do potencial de ionização (eV): 7,576 (Ag) e 9,225 (Au). Da afinidade eletrônica (eV): 1,202 (Ag) e 2,039 (Au); dos pontos de fusão (°C): 961 (Ag) e 1063 (Au) e dos calores

[3] E. Eliav, U. Kaldor, Y. Ishikawa, Y. Phys. Rev. A, 49 (1994) 1724; A. Landau, , E. Eiav, Y. Ishikawa, U. Kaldor, J. Chem. Phys., 121 (2004) 6634.

de atomização ($kJmol^{-1}$): 285 (Ag) e 368 (Au).

Como dito, a contribuição relativística também explica a energia da ligação Au-Au (221 $kJmol^{-1}$) a qual é muito elevada (comparável a da ligação C-Cl, no Cl_2: 239 $kJmol^{-1}$, e maior do que a da ligação I-I, no I_2: 149 $kJmol^{-1}$).

A grande afinidade eletrônica do ouro faz com que ele se comporte como um halogênio, como no composto CsAu (que tem a mesma estrutura do CsCl).

Visto que a contração relativística diminui o raio (e, por conseguinte, o volume de cada átomo de ouro, individualmente), seria de aguardar um correspondente aumento da densidade (gcm^{-3}) ao "descermos" o grupo. É exatamente isso o que se observa com a densidade aumentando levemente do Cu (8.96) para a Ag (10.5) e quase dobrando de valor, da prata para o Au (19.3).
Na verdade, tanto a prata quanto o ouro tem seus raios (e, consequentemente, as diferenças entre os níveis e subníveis de energia) afetados pelas contribuições relativísticas, como mostra a figura a seguir. Contudo, no ouro, essa contribuição é maior (por conta do maior valor de Z), afetando, dentre outras propriedades, a cor do metal, como já mencionado.

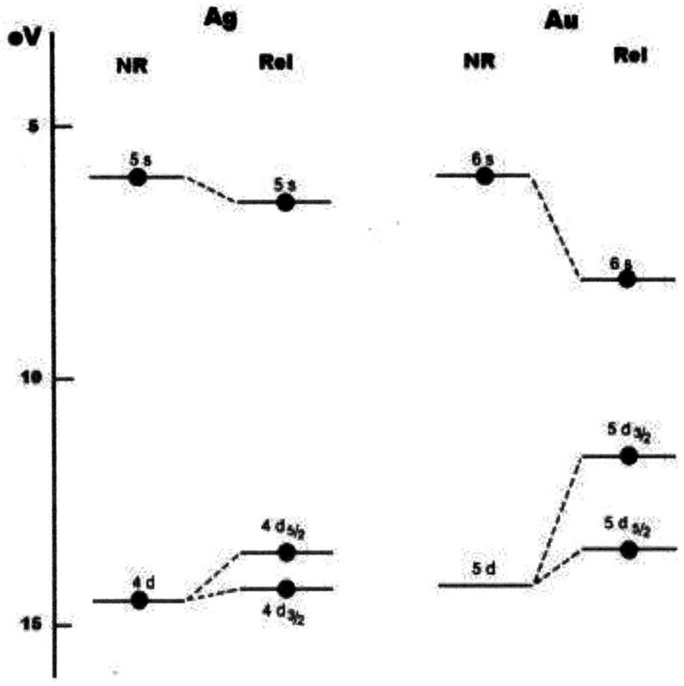

Diagrama de níveis de energia (relativístico, Rel, e não relativístico, NR) para a prata e o ouro.

Os efeitos relativísticos também se fazem sentir nos clusters de ouro. Enquanto os clusters Cu_7^- e Ag_7^- são tridimensionais (3D), o Au_7^- é planar, com uma diferença de 0,5 eV entre essa estrutura e a estrutura 3D. Tal "preferência" estrutural (que se estende para clusters com até treze átomos), está relacionada à forte hibridização entre os orbitais 5*d* e 6*s*, como consequência da contração relativística.

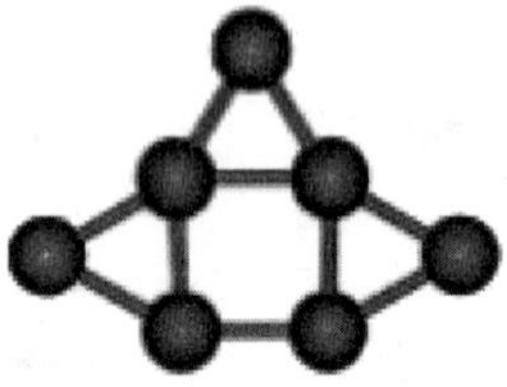

Estrutura do cluster Au_7^-

Como dito, a contração relativística (a qual estabiliza os elétrons 6s) e desestabiliza os elétrons 5d), diminui a diferença de energia entre esse dois conjuntos de orbitais, e termina por aumentar a hibridização *s-d*. Assim, diferentemente dos outros elementos de seu grupo, o ouro apresenta um elevado caráter covalente em suas ligações e um maior "repertório" de reações químicas.

Foi constatado[4], em uma série de compostos com ligações Au-Si a Au-B, que o ouro comporta-se como os átomos de hidrogênio, isto é, formando ligações com silício e boro com elevado caráter covalente, análogos aos compostos formado entre esses elementos e o hidrogênio, como no composto tetraédrico $SiAu_4$, análogo ao SiH_4.

2.3 Mercúrio

São também os efeitos relativísticos que explicam porque o mercúrio é líquido à temperatura e pressão ambientes, enquanto os elementos mais leves do mesmo grupo (zinco e cádmio), são sólidos.

[4] L-S. Wang, *Covalent gold*, Phys. Chem. Chem. Phys., 12 (2010) 8694.

Os efeitos relativísticos fazem com que os elétrons 6s do mercúrio (configuração [Xe] $4f^{14}5d^{10}6s^2$) estejam mais fortemente ligados (do que seria de esperar, caso a contração relativística não existisse), tornando-os pouco reativos e impedindo, assim, a formação de dímeros (em verdade, o mercúrio é o único metal a existir na forma monoatômica, no estado gasoso), enfraquecendo, assim, as forças de atração intermetálicas, fazendo com que o mercúrio tenha um baixo ponto de fusão (-39 °C). O valor calculado levando-se em conta os efeitos relativísticos concorda com o valor experimental. Contudo, caso os cálculos sejam efetuados sem incluir, nas equações, os efeitos relativísticos, o valor encontrado será de 82°C, muito acima, portanto, do valor correto.

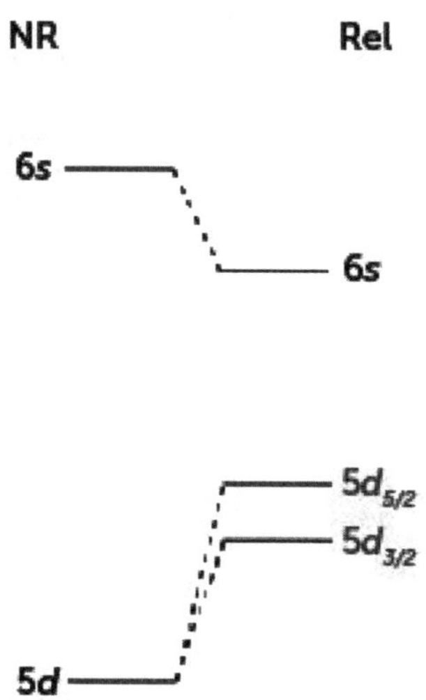

Diagrama de níveis de energia (relativístico, Rel, e não relativístico, NR) para os níveis 5d e 6s do mercúrio.

Veja que, por conta dos efeitos relativísticos, o mercúrio comporta--se, sob muitos aspectos, como um gás nobre, sendo análogo ao hélio.

Assim como na bateria de chumbo (comentada na sequência), na bateria de mercúrio, parte da forma eletromotriz (nesse caso, 30%) é devida à existência dos efeitos relativísticos.

A baixa reatividade, bem como a fraca energia de ligação interatômica (o que explica o baixo ponto de fusão), são, portanto, consequências diretas da contração relativística.
Na figura a seguir [adaptada de F. Calvo, E. Pahl, M. Wormit, P. Schwerdtfeger, *Evidence for low-temperature melting of mercury owing to relativity*, Engew. Chem. Int. Ed., 52 (29) (2013) 7583], mostra-se a capacidade calorífica do mercúrio como função da temperatura.

As duas curvas são teóricas, isto é, obtidas mediante cálculos[5]. A curva cheia, que expressa os resultados obtidos levando-se em conta a contribuição relativística, está em excelente concordância com o valor experimental do ponto de fusão. Veja que, sem a contribuição relativística (curva pontilhada), o mercúrio seria sólido à temperatura ambiente.

---

[5] Destaca-se que, não obstante haver desde muito forte suspeita de que a explicação para o fato do mercúrio ser líquido à temperatura ambiente era a contribuição relativística, e dessa ser a explicação empregada por muitos autores, foi somente nesse artigo, publicado em 2013, que a primeira prova "concreta" desse fato foi efetivamente apresentada.

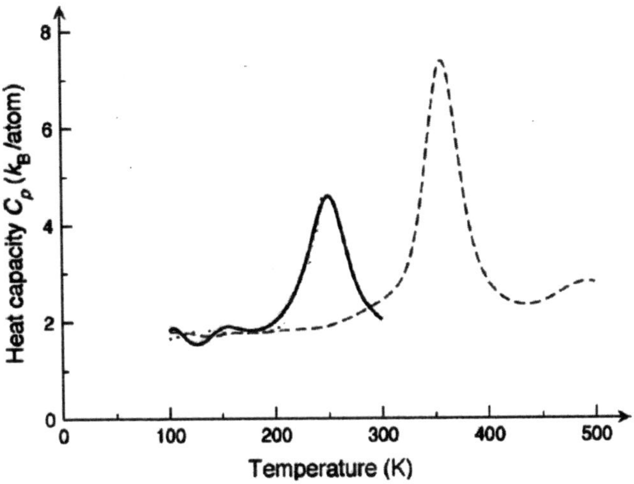

Capacidade calorífica como função da temperatura para o mercúrio. Curvas teóricas, com cálculos efetuados com (___) e sem (----) levar-se em conta as contribuições relativísticas.

Como verificado para os elementos do grupo 11, para os do grupo 12, os potenciais redox são grandemente afetados pela contração relativística.

Os potenciais (V) para a reação $M^{2+}(aq) + 2e^{-} \rightarrow M(s,l)$, são iguais a -0,763 e -0,403, para Zn^{2+} e Cd^{2+}, respectivamente. Contudo, para Hg^{2+} o potencial de redução é de +0,855 V. Ou seja, o Hg^{2+}, diferentemente dos dicátions dos outros elementos do grupo, têm grande tendência a reduzir (ou, inversamente, Hg tem pequena tendência a oxidar).

Também sobre a densidade (gcm^{-3}) e tal como argumentado para o ouro), os efeitos são marcantes: Zn (7.13), Cd (8.69) e Hg (13.53).

Outra propriedade do mercúrio grandemente afetada pela contribuição relativística é a temperatura de transição para a supercondutividade (temperatura na qual o elemento tem sua resistência) elétrica drasticamente diminuída, tornando-se um supercondutor, a qual tem os seguintes valores: Zn (0,855 K), Cd (0,52 K) e Hg (4,15 K).

Outra marcante influência da contribuição relativística sobre as propriedades do elemento, verifica-se, como dito, no potencial da bateria de mercúrio:

$$Zn(s) + HgO(s) \rightarrow ZnO(s) + Hg(l)$$

Onde cerca de 30% do potencial de 1,35 V fornecido pela bateria, advém dos efeitos relativísticos.

2.4 Chumbo

Os efeitos relativísticos dão conta de explicar o potencial elétrico da clássica[6] bateria "chumbo-ácido" (chumbo-óxido de chumbo; inventada em 1860):

[6] Não obstante sua "idade", a bateria chumbo-ácido permanece em largo uso mundo afora, sobretudo em função de sua relação potência (voltagem)/peso. Cerca de 75% da produção mundial de chumbo destinam-se, justamente, à produção dessas baterias.

$$Pb(s) + PbO2(s) + 2H2SO4(aq) \rightarrow 2PbSO4(s) + 2H2O(l), \Delta_{cell}G^{\theta},$$

Calculou-se um potencial de 2,13 V (em excelente concordância com o valor experimental de 2,11 V), sendo demonstrado que, desse potencial, entre 1,7 e 1,8 V (ou seja, cerca de 80%) são devidos aos efeitos relativísticos, presentes principalmente no PbO_2, mas também no $PbSO_4$.

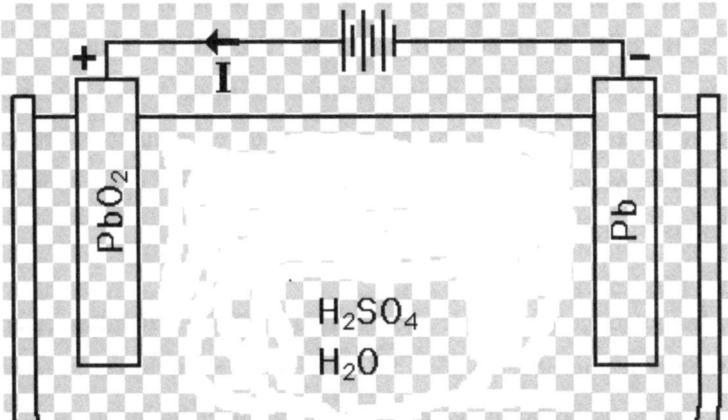

Representação esquemática de uma bateria chumbo-ácido

São os efeitos relativísticos presentes para o chumbo (Z= 82), em bem maior extensão que para o estanho (Z = 50), que explica porque uma bateria estanho-óxido de estanho não seria satisfatória.

A "contração" do raio no estanho o torna menos eletropositivo do que seria de prever-se (com base na teoria clássica), o que seria ruim para a bateria. Contudo, os efeitos relativísticos no PbO_2 tornam-no mais eletronegativo (do que previsto pela teoria clássica), fazendo com que o par Pb-PbO_2 exiba um potencial satisfatório para ter uma bateria viável economicamente.

Como dito, não apenas nos elementos, mas também nos compostos por eles formados, os efeitos relativísticos se fazem presentes e podem ser significativos. Como exemplo, podemos citar a interação Au(I)-Pb(II), verificada no composto $[Pb\{HB(pz)_3\}Au(C_6Cl_5)_2]$. Nele, os efeitos relativísticos aumentam cerca de 17% a interação metafílica entre ouro e chumbo, culminado em uma transferência de carga responsável pela emissão em 480 nm, exibida pelo composto no estado sólido.

Mesmo em compostos de coordenação, como se fazem hexacianoferrato de chumbo, $Pb_2[Fe(CN)_6]$, os efeitos relativísticos se fazem sentir, afetando propriedades como a densidade de distribuição de carga e os comprimentos de ligação, além do espectro eletrônico.

2.5 Urânio

Para ficarmos com apenas um exemplo, há evidência que para o hexafluoreto de urânio (UF_6; octaédrico), os efeitos relativísticos são responsáveis por um aumento de cerca de 50% na energia de atomização.

Estrutura do UF_6

2.6 Paládio

Uma vez que têm forte influência sobre os raios atômicos, os efeitos relativísticos afetarão, por óbvio, os níveis e subníveis de energia, ou, em outras palavras, a configuração eletrônica do elemento.

No caso do paládio, por exemplo, serão os efeitos relativísticos que explicarão a configuração de valência do paládio, que é $4d^{10}$, enquanto a da platina é $5d^9 6s^1$. No caso da platina, por conta dos efeitos relativísticos, os subníveis d e s estão mais próximos do que no paládio.

2.7 Platina

Com Z= 78, a platina (e seus compostos) por certo que exibem os efeitos da contribuição relativística sobre suas propriedades. Como exemplo inicial, tomemos o hexafluoreto de platina, PtF_6, o qual exibe, no estado gasoso, a estrutura mostrada na Figura a seguir.

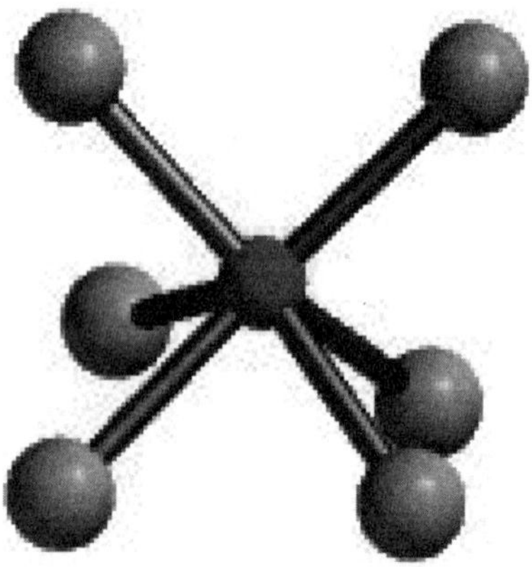

Estrutura do PtF_6 no estado gasoso

Foi demonstrado[7] que, enquanto no estado sólido, PtF_6 exibe uma estrutura octaédrica e é paramagnético, com quatro elétrons desemparelhados (configuração $t_{2g}{}^3e_g{}^1$), no estado gasoso ele exibe a estrutura mostrada na Figura anterior, e é diamagnético (não possui elétrons desemparelhados), com a configuração eletrônica mostrada na Figura seguinte:

[7] R.F. de Farias, *Computational gas-phase formation enthalpy and electron affinity for platinum hexafluoride: is gaseous PtF6 diamagnetic because of a relativistic effect?* Inorg. Chem., 55(23) (2016) 12126.

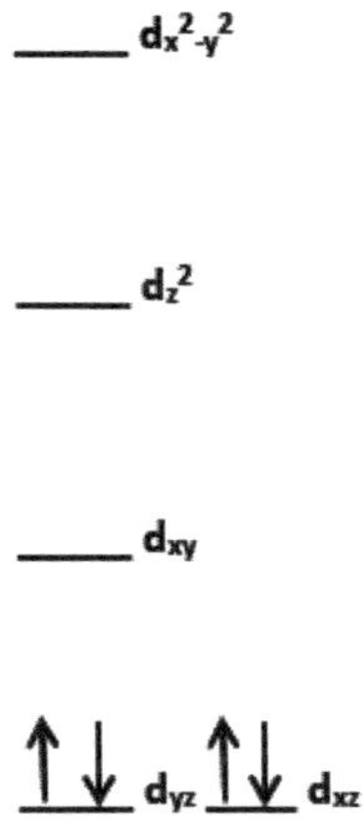

Diagrama de níveis de energia (Teoria do Campo Cristalino) para PtF_6 no estado gasoso.

É a contribuição relativística a responsável por esse fenômeno no estado gasoso. O desdobramento dos orbitais *d* da platina, na presença do campo ligante (nesse caso, dos seis átomos de flúor) deixa os orbitais d_{xz} e d_{yz} no mesmo nível de energia, e num nível abaixo dos demais orbitais, o que significa que os dois orbitais estarão ocupados pelos quatro elétrons da Pt^{6+}, não restando elétrons desemparelhados.

É também a contribuição relativística que fornece uma explicação baseada na configuração eletrônica para o desproporcionamento do pentafluoreto de platina (PtF_5) sob aquecimento[8]:

[8] R.F. de Farias, (2017): Relativistic contribution: an electronic explanation to the thermal disproportionation of PtF5. ChemRxiv. https://doi.org/10.26434/chemrxiv.5393950.v1

$$2PtF_5 \rightarrow PtF_4 + PtF_6$$

Como é notório, os compostos de platina foram os primeiros quimioterápicos contra o câncer (a cisplatina, mais especificamente), estando esses compostos (muitos deles "derivados" da cisplatina), ainda em uso. Tendo em vista que as contribuições relativísticas em muito influenciam as propriedades da platina, por óbvio que influenciam, também, as propriedades de seus compostos, incluindo os quimioterápicos.

Na preparação dos compostos de platina, o chamado efeito *trans* é fator fundamental no estabelecimento da rota sintética. Métodos mecânico-quântico relativísticos têm sido empregados [9] para o estudo desse efeito, já tendo sido demostrado[10] que o efeito *trans* relaciona-se, efetivamente, com a contribuição relativística.

2.8 Tratando a ligação H-H na molécula de hidrogênio como uma contração relativística[11]

Como vimos, os efeitos relativistas em átomos são considerados

[9] M.Tanaka, H. Mori, *Electronic structures of platinum(II) complexes with 2-arylpyridine and 1,3-diketonate ligands: a relativistic density functional study on photoexcitation and phosphorescent properties*, *J. Phys. Chem. C*, 118 **(23) (2014) 12443.**
[10] J. Kozelkal, J. Bergès, Ab initio calculations on cis-[$PtCl_2(PMe_3)_2$]: *Search for a model chemistry for platinum(l1) complexes*, J. Chim. Phys. 95 (1998) 2226.

[11] R.F. de Farias, *An unusual approach to the bond enthalpy in hydrogen molecule: the contribution of relativistic effects*, Chem. Res. J., 1(5) (2016) 9-10.

como relevantes apenas para elementos pesados, isto é, aqueles com altos valores de Z, tal como ouro e mercúrio.

A ligação H-H na molécula de hidrogênio é um exemplo clássico de ligação covalente, com a ligação H-H vista como consequência do compartilhamento de um par de elétrons pelos átomos de hidrogênio. Esta visão já estava presente nas primeiras propostas de Lewis, sendo o ponto de partida das modernas teorias da ligação química, como a teoria da ligação de valência e a teoria dos orbitais moleculares.

Considera-se que a ligação H-H não poderia ser iônica, uma vez que a força de atração entre o íon H^+ e íon OH^- não pode fornecer energia suficiente para compensar a energia consumida na formação dos mesmos.

Empregaremos aqui uma abordagem incomum, a fim de explicar a energia da ligação H-H na molécula de hidrogênio: uma combinação do modelo atômico de Bohr e algumas equações da relatividade especial.

O raio de Bohr é 52,9 pm. Assim, o comprimento da ligação H-H, isto é, a distância a partir de um núcleo de hidrogênio para o outro, pode ser, em um primeiro momento, considerado como 52,9 x 2 = 105,8 pm.

No entanto, o comprimento experimental da ligação H-H é de 74 pm. Assim, se uma molécula de hidrogênio for imaginada como dois átomos de hidrogênio lado a lado, o raio (a distância a partir do próton para o seu elétron) no átomo de hidrogênio ligado, pode ser calculada como 74/2 = 37 pm.

A partir da teoria da relatividade especial, temos:

$$L' = L\,[1-(v^2/c^2)]^{1/2}$$

a equação que relaciona a contração sofrida por um corpo ao deslocar-se em velocidade próxima à da luz. Uma equação análoga é:

$$a_{rel} = a_o\,[1-(v^2/c^2)]^{1/2}$$

a qual permite o cálculo do raio relativista de um elétron viajando à velocidade v.

Tomando o valor de a_o e o valor de a_{rel} = 37 pm, respectivamente, para o átomo de hidrogênio livre e ligado (ligação H-H), o valor obtido para v é 0,7155c. Isto é, na molécula de hidrogênio, o elétron move-se em quase 72% da velocidade da luz. Certamente, um valor não negligenciável. Para comparação, em um átomo de hidrogênio livre, o elétron se move a ~ (1/137) c.

Tal resultado parece bastante razoável: quando o elétron se aproxima do núcleo, sua velocidade radial aumenta.

Tomando o valor v calculado, a massa relativística do elétron no átomo de hidrogênio ligado pode ser calculada pela equação

$$m_{rel} = m_e / [1-(v^2/c^2)]^{1/2}$$

como igual a 13,04 $\times 10^{-31}$ kg (a massa de repouso, m, é 9,11 $\times 10^{-31}$ kg). No átomo de Bohr, a energia do elétron pode ser calculada por:

$$E = -(m_e q_e^{\,4})/8h^2\varepsilon_o^{\,2})$$

Essa equação fornece um valor de -1.313,56 $kJmol^{-1}$ (13,61 eV) para o elétron no átomo de hidrogênio livre.

Se repetirmos o cálculo usando, na equação anterior, a massa relativística calculada, obtemos -1.881,79 kJ mol^{-1}. Isto é, uma diferença de 568,23 kJ mol^{-1}.

Uma vez que na molécula de hidrogênio, há dois átomos de hidrogênio: 2 x (568,23) = 1.136,46 kJ mol^{-1}. No entanto, a entalpia de ligação H-H é igual 432,01 kJ mol^{-1}. Assim, existe uma diferença de 700,46 kJ mol^{-1} a ser explicada. Esta diferença é devido à repulsão próton-próton.

Usando a lei de Coulomb, o valor de 700,46 $kJmol^{-1}$, e tendo um comprimento de ligação de 74 pm, é possível calcular a carga de cada próton como 9,81 x 10^{-20} Coulomb. Isto é, 0,61e. Assim, cada próton "sente" apenas 61% da carga do outro próton. Tal fato pode ser visto como previsível, tendo-se em conta o efeito de blindagem exercido pelos dois elétrons.

Em comparação com o átomo livre, cada hidrogênio ligado tem um "elétron extra". Uma vez que a carga nuclear efetiva é de 0,61, o fator de blindagem é igual a 1-0,61 = 0,39. Tal valor está em boa concordância com as regras de Slater[12], que estabelecem um valor 0,35 para a constante de blindagem para os elétrons localizados no mesmo nível de energia. A diferença de 0,04 pode ser atribuída à capacidade de proteção mais eficiente dos elétrons situados mais próximos aos núcleos (comparando-se o átomo de H ligado contra o átomo de H livre).

Apesar do fato de que os conceitos de carga nuclear efetiva e fator de blindagem terem sido propostos por Slater para átomos isolados, veja que funcionam muito bem para átomos ligados, também.

Os resultados obtidos mostram que, mesmo para o elemento mais leve (H), os efeitos relativísticos são proeminentes, uma vez que as ligações químicas sejam formadas.

Também pode-se concluir que a maior parte da entalpia de ligação da molécula de hidrogênio provém da mudança na energia potencial nos átomos de hidrogênio individuais, e não a partir de uma mudança na energia potencial "da molécula".

[12] J.C. Slater, Phys. Rev., 36 (1) (1930) 57.

Uma vez que a entalpia de ligação está relacionada com os níveis de energia dos orbitais, pode-se supor que os efeitos relativísticos sejam também relevantes para as propriedades espectroscópicas, por exemplo.

2.9 Efeito do par inerte

O chamado "efeito do par inerte" refere-se à elevada resistência à oxidação que os elétrons $6s^2$ de espécies como Tl^{+1}, Pb^{2+} e Bi^{3+} oferecem. Essa resistência à oxidação deve-se ao fato que esses elétrons estão muito fortemente atraídos pelo núcleo (mais fortemente do que se poderia prever, desconsiderando-se a contribuição relativística), devido à contração relativística do orbital *6s*.

2.10 Efeitos relativísticos e catálise

Afetando as propriedades dos elementos (e de seus compostos), os efeitos relativísticos terminam por refletir-se, também, numa importante aplicação/propriedade dos elementos e compostos: a de atuarem como catalisadores. Dentre muitos exemplos, pode-se mencionar as aplicações, em catálise, dos complexos de Au(I)[13].

Alguns exemplos típicos de complexos de Au (I) com propriedades catalíticas são mostrados na Figura a seguir.

---

[13] D.J. Gorin, F.D. Toste, *Relativistic effects in homogeneous gold catalysis*, Nature, 446 (2007) 395.

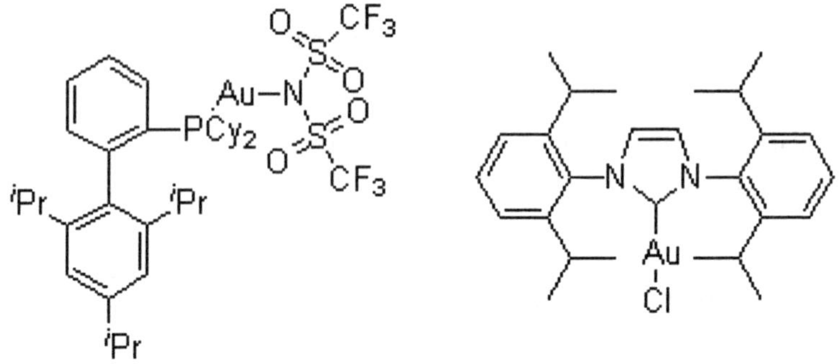

Dois complexos de Au(I) com propriedades catalíticas[14]

Empregados como catalisadores em uma série de reações orgânicas (ciclopropanação e síntese estereoseletiva de dihidropiranos, por exemplo), esses compostos exibem algumas propriedades que os tornam particularmente interessantes como catalisadores, e que estão claramente relacionados à estabilidade "extra" do ouro trazida pelas contribuições relativísticas, tais como serem estáveis ao ar e à água (logo, as reações podem ser realizadas em sistemas "abertos").

A contração relativística confere ao Au(I) uma elevada acidez de Lewis, e a capacidade de estabilizar intermediários catiônicos de reação, tornando seus compostos promissores para o desenvolvimento de novos métodos sintéticos.

[14] Esquerda: 1,3-Bis(2,6-di-isopropylphenyl-imidazol-2-ylidene)gold(I)chloride
Direita: 2-Dicyclohexylphosphino-2′,4′,6′-triisopropylbiphenyl gold(I) bis(trifluoromethanesulfonyl)imide

2.11 Energia de ionização, carga nuclear efetiva e contribuição relativística

A partir do modelo atômico de Bohr, obtém-se a equação:

$$E_n = -(13.6eV)\frac{Z^2}{n^2}$$

Sendo Z o número atômico, *n* o número quântico principal (o número da órbita, no modelo atômico de Bohr) e E_n a energia do elétron. A energia de ionização pode ser considerada como igual à energia do elétron, invertendo-se o sinal. Assim, a energia de ionização do elétron do hidrogênio, no estado fundamental, é de + 13,6 eV.

Essa equação, que funciona muito bem para o hidrogênio, falhará para elementos com Z > 1. Contudo, para sistemas com apenas um elétron (tais como He^{+}, Li^{2+}, Be^{3+}, B^{4+}, C^{5+}, etc.) ela fornecerá valores de energia de ionização em perfeita concordância com os dados experimentais.

Contudo, o mais desejável, por certo, é poder calcular a energia de ionização para elementos com Z > 1, e para o elétron mais externo. Podemos adaptar/generalizar a equação acima, reescrevendo-a como:

$$E_n = [- (13,6 \text{ eV}) Z_{eff}^2/n^2] /4\gamma$$

Sendo Z_{eff} a carga nuclear efetiva, e γ o parâmetro referente à contribuição relativística, como já definido.

Para o ouro, Z_{eff} = 10,94 e γ = 1,224. Assim, a energia de ionização (elétron $6s^1$) pode ser calculada como [13,6 $(10.94^2/6^2)$]/(4 x 1,224) = 9,23 e V, em absoluta concordância com o valor experimental.

Destaca-se que a carga nuclear efetiva a ser empregada na equação modificada, não será a calculada segundo as regras de Slater (regras obtidas empiricamente), mas sim os valores calculados por Clementi[15], a partir da mecânica quântica, e muito utilizados.

2.12 Química relativística e contração lantanídica

A chamada "contração lantanídica" observada no comprimento da ligação Ln-X [Ln = lantânio, La, Z= 57, a lutécio, Lu, Z =71), em compostos do tipo Ln-X_3, é uma diminuição (em princípio, inesperada, ou antes, maior do que a esperada, tendo por base as variações periódicas) dos raios iônicos dos lantanídeos. Tal contração, ilustrada na Figura a seguir, além de afetar as propriedades dos lantanídeos e seus compostos, reflete-se nos raios e demais propriedades dos elementos "pós" lantanídeos.

[15] E. Clementi, D. L. Raimondi, Atomic Screening Constants from SCF Functions, *J. Chem. Phys.*, 38 (1963) 2686; E. Clementi, D. L. Raimondi, W. P. Reinhardt, Atomic Screening Constants from SCF Functions. II. Atoms with 37 to 86 Electrons, *J. Chem. Phys.* 47 (1967) 1300.

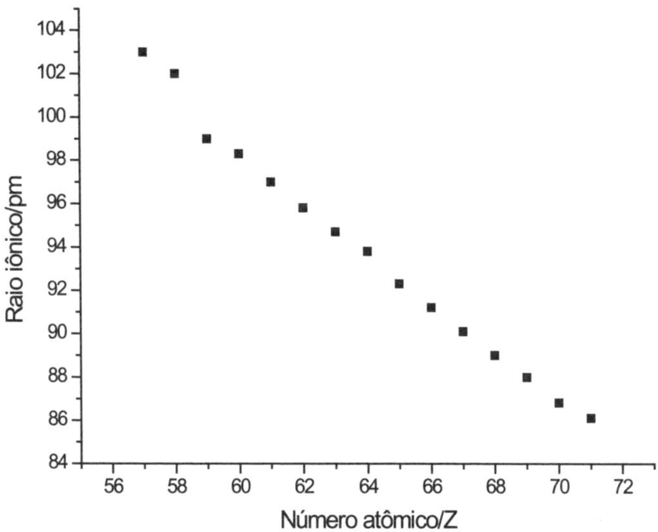

Raio iônico (pm) para o íon Ln^{+3} em função do número atômico (Z) de La (Z= 57) a Lu (Z=71).

A contração lantanídica torna mais significativa as variações dos raios entre os lantanídeos, afetando, sobremaneira, suas propriedades químicas e tornando, por exemplo, uma separação desses elementos, por tradicionais métodos químicos, mais fáceis.

Tradicionalmente, essa contração é explicada com base na baixa capacidade dos elétrons $4f$ de blindar os elétrons mais externos ($6s$), da carga nuclear.

Contudo, sabe-se que de 9% a 23% (dependendo do sistema considerado) dessa contração, tem origem na contribuição relativística.

2.13 Elementos superpesados

Se para elementos com Z= 78, 79, 80, etc., os efeitos relativísticos estão marcantemente presentes, muito mais ainda se farão presentes para os chamados elementos superpesados (ou transactinídeos, Z ≥ 104). Esses são elementos artificiais (até onde se sabe, não são de ocorrência natural, ao menos não na terra).

Em se tratando dos elementos superpesados, tratar de suas propriedades físicas significa, necessariamente, ter de lidar com as contribuições relativísticas. Logo, são inúmeros, na literatura, os trabalhos tratando das contribuições relativísticas nos elementos superpesados.

Ao estimar-se, por extrapolação e com o emprego de equações empíricas, propriedades físicas para o elemento 119 (tenessínio, Ts) e seu hidreto (Ts-H)[16], verificou-se que o comprimento obtido para a ligação Ts-H (197,76 pm) estava em excelente concordância com o valor da literatura (197,90 pm) obtido mediante cálculos mecânico quântico relativísticos. Quando a contribuição relativística é desconsiderada nos cálculos, valores para o mesmo comprimento de ligação, variando de 181,7 a 186,4 pm são obtidos, demonstrando, claramente, que a contribuição relativística era preponderante, nesse caso.

---

[16] R.F. de Farias, *Estimation of some physical properties for tennessine and tennessine hydrid (Ts-H).*, Chem. Phys. Lett., 667 (2017) 1.

A eletroafinidade do elemento 118, Oganéssio, Og (0,064 eV), mostrando a estabilização de um orbital originalmente vago (8*s*) é também consequência da contração relativística.

Para o elemento 113 (Nihônio, Nh), compare, na Figura a seguir, os diagramas de níveis de energia levando-se em conta as contribuições relativísticas.

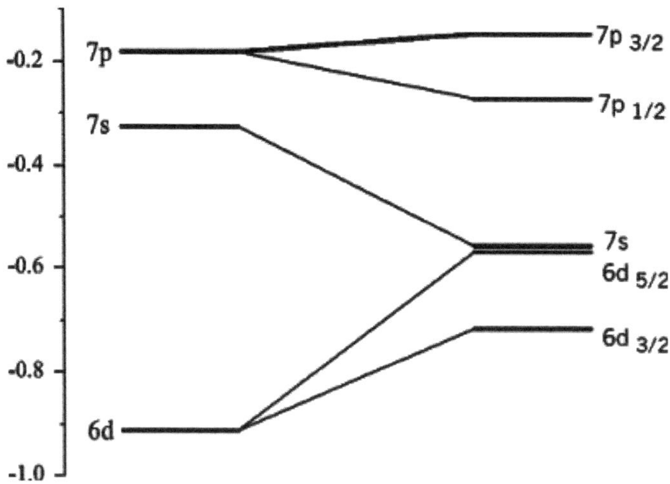

Diagrama de níveis de energia (orbitais de valência), não relativístico (esquerda) e relativístico (direita) para o elemento 113.

Considerando-se os elementos do grupo 12, compare, na Figura a seguir, as diferenças de energia (relativística e não relativística) para cádmio, mercúrio e o elemento 112 (Copernício, Cn). Veja que, com o aumento do valor de Z, a diferença entre as energias relativística e não relativística tornam-se cada vez (proporcionalmente) maiores.

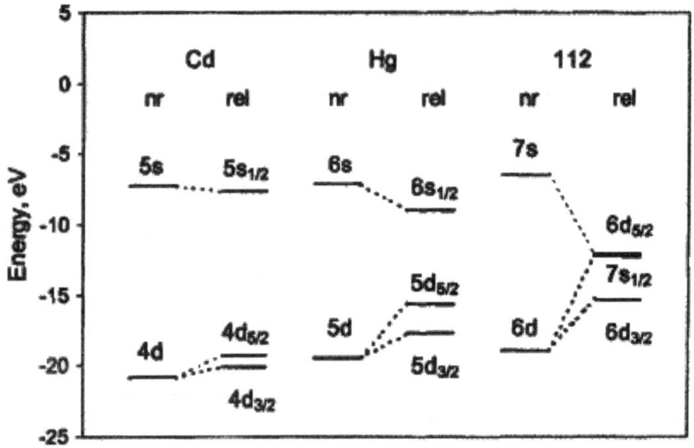

Diagrama de níveis de energia (orbitais de valência), não relativístico (nr) e relativístico (rel) para Cd, Hg e Cn.

2.14 Uma proposta de Tabela periódica

Tendo por base que para os elementos 119-172, a sequência de preenchimentos dos subníveis eletrônicos segue, aproximadamente, a sequência, $8s < 5g \leq 8p_{1/2} < 6f < 7d < 9s < 9p_{1/2} < 8p_{3/2}$, uma nova versão da tabela periódica foi proposta por Pyykkö[17].

17 P. Pyykkö,, *A suggested periodic table up to Z ≤ 172, based on Dirac-Fock calculations on atoms and ions*, Phys. Chem. Chem. Phys. 13 (2011) 161.

Periodic Table 1-172

Period	1	2	3	4	5	6	7	8	9	10	11	12	13	14	15	16	17	18	Orbitals
1	1 H																	2 He	1s
2	3 Li	4 Be											5 B	6 C	7 N	8 O	9 F	10 Ne	2s2p
3	11 Na	12 Mg											13 Al	14 Si	15 P	16 S	17 Cl	18 Ar	3s3p
4	19 K	20 Ca	21 Sc	22 Ti	23 V	24 Cr	25 Mn	26 Fe	27 Co	28 Ni	29 Cu	30 Zn	31 Ga	32 Ge	33 As	34 Se	35 Br	36 Kr	4s3d4p
5	37 Rb	38 Sr	39 Y	40 Zr	41 Nb	42 Mo	43 Tc	44 Ru	45 Rh	46 Pd	47 Ag	48 Cd	49 In	50 Sn	51 Sb	52 Te	53 I	54 Xe	5s4d5p
6	55 Cs	56 Ba	57-71	72 Hf	73 Ta	74 W	75 Re	76 Os	77 Ir	78 Pt	79 Au	80 Hg	81 Tl	82 Pb	83 Bi	84 Po	85 At	86 Rn	6s5d6p
7	87 Fr	88 Ra	89-103	104 Rf	105 Db	106 Sg	107 Bh	108 Hs	109 Mt	110 Ds	111 Rg	112 Cn	113	114	115	116	117	118	7s6d7p
8	119	120	121-	156	157	158	159	160	161	162	163	164	139	140	169	170	171	172	8s7d8p
9	165	166											167	168					9s9p

Period																Orbitals
6	57 La	58 Ce	59 Pr	60 Nd	61 Pm	62 Sm	63 Eu	64 Gd	65 Tb	66 Dy	67 Ho	68 Er	69 Tm	70 Yb	71 Lu	4f
7	89 Ac	90 Th	91 Pa	92 U	93 Np	94 Pu	95 Am	96 Cm	97 Bk	98 Cf	99 Es	100 Fm	101 Md	102 No	103 Lr	5f
8	141	142	143	144	145	146	147	148	149	150	151	152	153	154	155	6f

Period																			Orbitals
8	121	122	123	124	125	126	127	128	129	130	131	132	133	134	135	136	137	138	5g

Tabela periódica proposta por Pyykkö, para os elementos 1-172

Nessa tabela, a sequência calculada para o preenchimento eletrônico dos subníveis de energia, leva em conta as contribuições relativísticas.

Exercícios

1. Use os valores experimentais dos raios covalentes do níquel e do paládio, para obter, por extrapolação, o raio covalente da platina. Utilize o "raio extrapolado" obtido e a equação (2) para calcular o raio "corrigido", levando-se em conta a contração relativística. Compare os resultados com o valor experimental (sugestão: consulte a tabela periódica disponível no site da Royal Society: *http://www.rsc.org/periodic-table*).

2. Utilize os valores experimentais das densidades (gcm^{-3}) para Zn (7,13) e Cd (8,69) para obter, por extrapolação, a densidade para o mercúrio. Depois obtenha o valor "corrigido" levando-se em conta a contração relativística. Compare os resultados com o valor experimental, e veja qual deles tem a melhor concordância (expressa como porcentagem).

3. Os potenciais de redução para a reação M^+ (aq) + e^- → M(s); M^+ = Cu^+, Ag^+ e Au^+, foram fornecidos no presente livro. Use os potenciais de redução do Cu^+ a da Ag^+, para obter, por extrapolação, o potencial para o Au^+. Depois, obtenha o valor do potencial, também para o Au^+, corrigido, levando-se em consideração o valor de γ. Compare os resultados com o valor experimental, e veja qual deles tem a melhor concordância (expressa como porcentagem).

4. Utilize a equação $E_n = [-(13{,}6\ eV)\ Z_{eff}^2/n^2]\ /4\gamma$ para calcular a primeira energia de ionização da platina. Compare o valor calculado com o valor experimental (8.96 eV).

5. Repita o procedimento da questão anterior para o tálio. Compare o valor calculado com o experimental (6,2 eV). Explique a variação observada com base na figura que mostra a contração relativística (%) como função do número atômico (com um máximo para o ouro).

Apêndice

Constantes físicas

Massa de repouso do elétron	m_e	$9{,}109 \times 10^{-31}$kg
Massa de repouso do próton	m_p	$1{,}673 \times 10^{-27}$kg
Constante de Avogadro	N_A	$6{,}022 \times 10^{23}$
Constante de Coulomb	k	$8{,}998 \times 10^9 Nm^2/C^2$
Permissividade elétrica no vácuo	e_o	8,85 x 10-12 F/m
Carga do elétron	q	$1{,}602 \times 10^{-19}$ C
Velocidade da luz no vácuo	c	$2{,}997 \times 10^8$ m/s
Constante de Planck	h	$6{,}626 \times 10^{-34}$ Js

Bibliografia

A.H. Guerrero, H.J. Fasoli, J.L. Costa, *Why gold and copper are colored but silver is not*, J. Chem. Ed., 76 (2) (1999) 200.

B.A. Hess, Relativistic effects in heavy-element chemistry and physics, Wiley, Chichester, 2003.

B.A. Hess, *Relativistic effects in heavy-element chemistry and physics*, Wiley, Chichester, 2003.

B.T. Matthias, T.H. Geballe, V.B. Compton, *Superconductivity*, Rev. Mod. Phys. 35 (1963) 1.

C. Thierfelder, A relativistic treatment of atoms and molecules - from relativity to electroweak interaction, PhD Thesis, Massey University Auckland, New Zealand, 2009.

C.K. Whitney, *Closing in on Chemical Bonds by Opening up Relativity Theory*, Int. J. Mol. Sci., 9 (2008) 272.

D. Han, Y.S. Kim, *Dirac's form of relativistic quantum mechanics*, Amer. J. Phys., 49 (1981) 1157.

D. Schooss, P. Weis, O. Hampe, M.M. Kappes1, *Determining the size-dependent structure of ligand-free gold-cluster ions*, Phil. Trans. R. Soc. A 368 (2010) 1211.

D. K. Ershov, *Effective charge of the nucleus for $2s_{1/2}$ and $2p_{1/2}$ shells in atoms of heavy elements*, Russ. Phys. J., 54 (12) (2012) 1356.

D. K. Ershov, *Effective nucleus charge for inner-shell electrons of atoms of superheavy elements*, Russ. Phys. J., 59 (3) (2016) 469.

D.J. Gorin, F.D. Toste, *Relativistic effects in homogeneous gold catalysis*, Nature, 446 (2007) 395.

D.R. McKelvey, *Relativistic effects on chemical properties*, *J. Chem. Ed.*, 60 (2) (1983) 112.

E.M. van Wezenbeek, *Relativistic effects in atoms and in uranium compounds*, Vrije Universiteit, 1992.

F. Calvo, E. Pahl, M. Wormit, P. Schwerdtfeger, *Evidence for low--temperature melting of mercury owing to relativity*, Engew. Chem. Int. Ed., 52 (29) (2013) 7583.

G. Farmelo, The strangest man – the hidden life of Paul Dirac, Basic Books, New York, 2009.

G. Gamov, *Thirty years that shook physics*, Dover, New York, 1985.

G. Rajasekaran, *The discovery of Dirac equation and its Impact on present-day physics*, Resonance, August (2003) 59.

G.C. Bond, *Relativistic phenomena in the chemistry electronic structure of the platinum group metals*, Platinum Metals. Rev., 44(4) (2000) 146.

G.L. Malli, *Relativistic and electron correlation effects in molecules and solids*, Springer, New York, 1994.

H. Häkkinen, M. Moseler, U. *Landman, Bonding in Cu, Ag, and Au clusters: relativistic effects, trends, and surprises*. Phys. Rev. Lett. 89 (2000), 33 401.

I.P. Grant, *Relativistic quantum theory of atoms and molecules*, Springer, New York, 2007.

J. Autschbach, S. Siekierski, M. Seth, P. Schwerdtfeger, W.H.E. Schwarz, *Dependence of relativistic effects on electronic configuration in the neutral atoms of d- and f-block elements*, J. Comp. Chem., 23 (8) (2002) 804.

J. David, P. Fuentealba, A. Restrepo, *Relativistic effects on the hexafluorides of group 10 metals*, Chem. Phys. Lett., 45 (2008) 42-44.

J. Kozelkal, J. Bergès, Ab initio calculations on cis-[$PtCl_2(PMe_3)_2$]: *Search for a model chemistry for platinum(ll) complexes*, J. Chim. Phys. 95 (1998) 2226.

J. Leszczynski, *Relativistic methods for chemists*, Springer, New York, 2010.

J. Liu, E.J. Salumbidis, U. Hollenstein, J.C.J. Koelemeij,K.S.E. Eikema, W. Ubachs, F. Merkt, *Determination of the ionization and dissociation energies of the hydrogen molecule*,J. Chem. Phys., 130 (2009) 174306.

J.K. Laerdahl, *Development and application of relativistic quantum chemical methods*, DSc. Thesis, University of Oslo, Norway, 1997.
K. Balasubramanian, *Relativity and chemical bonding*, J. Phys. Chem., 93 (1989) 6585.

K.S. Pitzer, *Relativistic effects on chemical properties, Acc. Chem. . Res.* 12 (8) (1979) 271.

L. Alvarez-Thin, J. David, R. Arratia-Pérez, K. Seppelt, *Ground state of platinum hexafluoride*, Phys. Rev. A, 77 (2008), 034502.

L. Gagliardi, A. Willetts, C.-K. Skylaris, N.C. Handy, S. Spencer, A.G. Ioannou, A.M. Simper, *A relativistic density functional study on the uranium hexafluoride and plutonium hexafluoride monomer and dimer species, J. Am. Chem. Soc.*, 120 (45) (1998) 11727.

L.B. Okun, *Energy and mass in relativity theory*, World Scientific, New Jersey, 2009.

L.J. Norrby, *Why is mercury liquid? Or, why do relativistic effects not get into chemistry textbooks?*, *J. Chem. Ed.*, 68 (1991) 110.

L-S. Wang, *Covalent gold*, Phys. Chem. Chem. Phys., 12 (2010) 8694.

M. Ilias, V. Jello, M. Urban, *Relativistic effects in atomic and molecular properties*, Acta Phys. Slov., 3 (2010) 259.

M. Jansen, *Effects of relativistic motion of electrons on the chemistry of gold and platinum*, Solid State Sci. 7 (2005) 1464.

M. V. Ryzhkov, T. A. Denisova, *Role of relativistic effects in the electronic structure and chemical bond of lead hexacyanoferrate*, J. Struct. Chem., 48 (2007) 173.

M.I. Nikitin, E.N. Karpukhina, *Thermal behavior of platinum fluorides: I. saturated vapor pressure of platinum tetrafluoride*, Russ. J. Inorg. Chem., 52 (3) (2007) 334-337.

M.Tanaka, H. Mori, *Electronic structures of platinum(II) complexes with 2-arylpyridine and 1,3-diketonate ligands: a relativistic density functional study on photoexcitation and phosphorescent properties*, *J. Phys. Chem. C*, 118 (23) (2014) 12443.

M.V. Korobov, A.A. Bodarenko, L.N. Sidorov, V.V. Nikulin, *Enthalpies of formation of the gaseous platinum fluorides, PtF_2 and PtF_4 – a quasi-equilibrium of the $Pt\text{-}F_2$ system*, High Temp. Sci., 16 (1983) 411-420.

M.V. Korobov, V.V. Nikulin, N.S. Chilingarov, L.N. Sidorov, *Enthalpy of formation of platinum hexafluoride*, J. Chem. Therm., 18 (1986) 235-240.

N. Bartlett, D.J. Lohmann, *Fluorides of the noble metals. Part III. The fluorides of platinum*. J. Chem. Soc., 28 (1964) 619–626.

N. Bartlett, *Relativistic effects and the chemistry of gold*, Gold Bulletin, 31 (1998) 22.

P. Patnaik, *Handbook of inorganic chemicals*, McGraw-Hill, New York, 2002.

P. Pyykkö, *Relativistic effects in chemistry: more common than you thought*, Ann. Rev. Phys. Chem., 63 (2012) 45.

P. Pyykkö, J.P. Desclaux, *Relativity and the periodic system of elements*, Acc. Chem. Res., 12(8) (1979) 276.

P. Pyykkö, *Relativistic effects in structural chemistry*, Chem. Rev. 88 (3) (1988) 563.

P. Pyykkö, *The physics behind chemistry and the periodic table*, Chem. Rev. 112 (1) (2012) 371.

P. Pyykkö,, *A suggested periodic table up to Z ≤ 172, based on Dirac--Fock calculations on atoms and ions*, Phys. Chem. Chem. Phys. 13 (2011) 161.

P. Schwerdtfeger, L.F. Pašteka, A. Punnett, P.O. Bowman, *Relativistic and quantum electrodynamic effects in superheavy elements*, Nucl. Phys.A, 944 (2015) 551.

P. Schwerdtfeger, *Relativistic effects in gold chemistry. 2. The stability of complex halides of gold(III),* J. Am.Chem. Soc. 111 (18) (1989) 7261.

P. Schwerdtfeger, *Relativistic effects in properties of gold*, Heteroatom Chem., 13 (6) (2002) 578.

P. Schwerdtfeger, *Relativistic electronic structure theory, part.1 - fundamentals*, Elsevier, Amsterdam, 2002.

P. Schwerdtfeger, P.D. W. Boyd, S. Brienne, A.K. Burrell, *Relativistic effects in gold chemistry. 4. gold(III) and gold(V) compounds, Inorg. Chem., 31* (16) (1992) 3411.

P. Zaleski-Ejgierd, P. Pyykkö, *Relativity and the mercury battery*, Phys. Chem. Chem. Phys., 13 (2011) 16510.

P.A.M. Dirac, *Relativistic quantum mechanics*, Proc. Royal Soc. A, 136 (829) (1932) 453.

P.A.M. Dirac, *The quantum theory of the electron*, Proc. Royal Soc. A, 117 (778) (1928) 610.

P.A.M. Dirac, *The quantum theory of the electron. Part II*, Proc. Royal Soc. A, 118 (779) (1928) 351.

P.W. Atkins, *Quanta: A handbook of concepts, Oxford University Press, Oxford, 1974.*

R. Ahuja, A. Blomqvist, P. Larsson, P. Pyykkö, P. Zaleski-Ejgierd, *Relativity and the lead-acid battery*, Phys. Rev. Lett., 106 (2011) 018301.

R.A. Evarestov, *Quantum chemistry of solids*, 2nd Ed., Springer, New York, 2012.

R.A. Martins, P.S. Rosa, História da teoria quântica, Livraria da Física, Rio de Janeiro, 2014.

R.Echeverría , J.M. López-de-Luzuriaga, M. Monge, M. E. Olmos, *The gold(I)...lead(II)* INTERACTION: A RELATIVISTIC CONNECTION, Chem. Sci., 6 (2015) 2022.

R.F. de Farias, *An unusual approach to the bond enthalpy in hydrogen molecule: the contribution of relativistic effects, Chemistry Research Journal,* 1(5) (2016) 9-10.

R.F. de Farias, *Computational gas-phase formation enthalpy and electron affinity for platinum hexafluoride: is gaseous PtF6 diamagnetic because of a relativistic effect?* Inorg. Chem., 55(23) (2016) 12126-12127.

R.F. de Farias, *Estimation of some physical properties for tennessine and tennessine hydrid (Ts-H).*, Chem. Phys. Lett., 667 (2017) 1.

R.F. Nalewajski, Density functional theory II – relativistic and time dependant extensions, Springer, Berlin, 1996.

S.E. Livingstone, *The chemistry of ruthenium, rhodium, palladium, osmium, iridium and platinum,* Comprehensive inorganic chemistry, chapter 43, Pergamon Press, Oxford, 1973.

S.-g. Wang, W. Liu, W.H.E. Schwarz, *On relativity, bonding, and valence electron distribution,* J. Phys. Chem. A, 106 (5) (2002) 795.

S.P. Gabuda, S.G. Kozlova, S.G., *NMR, Magnetic behavior and structural effects of spin-orbit Interactions in PtF6 and in related octahedral molecules and fluorocomplexes* - Handbook of Inorganic Chemistry Research, Series: Chemistry Research and Applications. (Editors: D.A. Morrison.) Nova Science Pub Inc., New York, 2010.

S.P. Gabuda, V.N. Ikorskii, S.G. Kozlova, P.S. Nikitin, *Relativistic effects in* PtF_6 *and isoelectronic octahedral groups: magnetic susceptibility,* ^{19}F *NMR, and ab initio Calculations*, JETP Letters, 73 (2001) 35-38.

S.P. Gaduba, S.G. Koslova, *Comment on "ground state platinum hexafluoride"*, Phys. Rev. A, 79 (2009) 056501.

T. Sakai, *On Dirac's new relativistic quantum mechanics*, Proc. Phys-Math. Soc. Japan, 14 (1932) 355.

V. Pershina, J. Anton, T. Bastug, *Relativistic effects on atomic and molecular properties of the heaviest elements*, Eur. Phys. J. D 45 (1) (2007) 87.

Vyacheslav Saltykov, *The relativistic effect in intermetallic phases of gold, platinum and thallium*, Tese de Doutorado, Universidade de Stuttgart, Stuttgart, Alemanha, 2011.

W. Liu, *Handbook of relativistic quantum chemistry*, Springer, New York, 2016.

W.B. Jensen, *Is mercury now a transition element ?*, *J. Chem. Ed.*, 85 (9) (2008) 1182.

W.H.E. Schwarz, E.M. van Wezenbeek, E.J. Baerends, J.G. Snijders, *The origin of relativistic effects of atomic orbitals*, J. Physics B, 22 (10) (1989) 1515.

Impressão e acabamento
Gráfica da Editora Ciência Moderna Ltda.
Tel: (21) 2201-6662